美国心理学会情绪管理自助读物

成长中的心灵需要关怀·属于孩子的心理自助读物

我要更专心

如何帮助容易分心的孩子

Learning to Slow Down and Pay Attention

A Book for Kids About ADHD

（美）凯瑟琳·G. 纳多（Kathleen G. Nadeau）著
（美）埃伦·B. 迪克森（Ellen B. Dixon）
（美）查尔斯·贝尔（Charles Beyl）

汪 冰 译
王玉凤 审校

化学工业出版社

·北京·

Learning to Slow Down and Pay Attention: A Book for Kids About ADHD, Third edition/by Kathleen G. Nadeau, Ellen B. Dixon, illustrated by Charles Beyl.

ISBN 978-1-59147-155-4

Copyright © 2005 by Magination Press, an imprint of the American Psychological Association.

This Work was originally published in English under the title of: **Learning to Slow Down and Pay Attention: A Book for Kids About ADHD**, Third Edition as a publication of the American Psychological Association in the United States of America. Text copyright © 2005 by Magination Press, an imprint of the American Psychological Association (APA). The Work has been translated and republished in the **Simplified Chinese** language by permission of the APA. This translation cannot be republished or reproduced by any third party in any form without express written permission of the APA. No part of this publication may be reproduced or distributed in any form or by any means, or stored in any database or retrieval system without prior permission of the APA.

本书中文简体字版由 American Psychological Association 授权化学工业出版社独家出版发行。

本书仅限在中国内地（大陆）销售，不得销往中国香港、澳门和台湾地区。未经许可，不得以任何方式复制或抄袭本书的任何部分，违者必究。

北京市版权局著作权合同登记号：01-2009-6273

图书在版编目（CIP）数据

我要更专心：如何帮助容易分心的孩子／（美）凯瑟琳·G.纳多（Kathleen G. Nadeau），（美）埃伦·B.迪克森（Ellen B. Dixon）著；（美）查尔斯·贝尔（Charles Beyl）绘；汪冰译. —北京：化学工业出版社，2021.7（2025.1重印）

（美国心理学会情绪管理自助读物）

书名原文：Learning to Slow Down and Pay Attention: A Book for Kids About ADHD

ISBN 978-7-122-38816-2

I.①我… II.①凯…②埃…③查…④汪… III.①注意-能力培养-儿童读物 IV.①B842.3-49

中国版本图书馆CIP数据核字（2021）第063353号

责任编辑：郝付云 肖志明　　　　　　装帧设计：大千妙象
责任校对：杜杏然

出版发行：化学工业出版社（北京市东城区青年湖南街13号　邮政编码100011）
印　　装：大厂回族自治县聚鑫印刷有限责任公司
710mm×1000 mm　1/16　印张6　字数54千字　2025年1月北京第1版第10次印刷

购书咨询：010-64518888　　　售后服务：010-64518899
网　　址：http://www.cip.com.cn
凡购买本书，如有缺损质量问题，本社销售中心负责调换。

定　　价：29.80元　　　　　　　　　　　　　　　　版权所有　违者必究

审校者序

能够审校一本可阅读性好、可操作性强的读物,提供给注意缺陷/多动障碍(ADHD)儿童本人、他们的父母及周围的人,并为此书作序,我深表荣幸。在我国,有众多注意缺陷/多动障碍的儿童、青少年,他们及其家人十分渴望得到正确的指导和帮助,以克服成长和生活中的困难和挫折,取得与他们能力相匹配的成就。

值得我们高兴的是,本书作者凯瑟琳·G.纳多博士和埃伦·B.迪克森博士,用充满趣味的卡通画牢牢抓住孩子们的兴奋点,并使用通俗易懂、深入浅出的语言,回答了我们常被咨询到的,常见却又较为复杂的问题。作者似乎在与孩子聊天和谈心,也似一个向导耐心与仔细地告诉父母和孩子们:"在学校如何专心学习?""烦躁不安时我该怎么办?""如何更快更好地完成作业?""生气的时候该怎么办?""如何不打断别人说话?""如何交朋友?""如果有人伤害我,我该怎么办?""压力大时如何放松?""我怎样才能更自信呢?"等。这些都是孩子在漫漫成长路上,常常需要应对的问题。父母是孩子最好的老师,作者在书中也建议父母和孩子一起阅读本书，一起讨论那些有帮助的观点和想法，呼吁家长积极参与到支持和帮助孩子的过程中。

本书分为四个部分：第一部分是关于孩子的小档案，指导孩子们列出自己需要改进与提高的"清单"；第二部分让孩子了解别人能提供的帮助；第三部分是孩子该怎样帮助自己；第四部分讲的是如何与父母一起努力，才能更有收获。四个部分循序渐进，便于阅读，可操作性和实用性强。

我相信那些正在遭遇注意缺陷/多动障碍难题的孩子及其家人、老师和周围的朋友，能够从此书中受益匪浅；那些想要更好地理解和帮助注意缺陷/多动障碍儿童的专业人士，包括教育工作者、心理医生、精神科医生、儿科医生、内科医生、社会工作者、咨询师以及其他相关专业人员，通过阅读本书也能获得益处。此外，书中提到的技巧与方法对于发展正常的儿童提升专注力，养成良好的生活和学习习惯也非常有帮助。

最后，希望这本幽默而充满乐观精神的小书，能够给注意缺陷/多动障碍儿童以及家长们带来信心：只要我们以积极、有建设的态度来看待注意缺陷/多动障碍，就能够全面发挥孩子的潜能，在生活的各个方面取得应有的成绩并且获得成功。让我们共同努力，营造社会的和谐与心理的和谐。

王玉凤

致父母

很多家长都在问,"如果孩子有注意缺陷/多动障碍,我该怎么帮助他?"因为他们都希望自己的孩子能够客观、积极甚至富有建设性地理解和应对这些困扰。本书就是为了帮助家长引导那些正在面对注意缺陷/多动障碍挑战的孩子所设计的一本实用性学习手册。《我要更专心》的独特之处在于它以孩子为中心,完全从孩子的视角来编写。就像一位小读者告诉我们的,"这本书写的就是我"。

《我要更专心》充分考虑了注意缺陷/多动障碍孩子的心理特点:用充满趣味的卡通画牢牢抓住他们的兴奋点,同时非常便于阅读(即便对那些痛恨读书的孩子),而且内容分成小节,可以按单元阅读,减少负担,非常适合小学阶段的学龄期儿童。

本书主要分为四个部分:我的小档案,我知道别人能怎样帮助我,我该怎样帮助自己?我和爸爸妈妈一起进步。我们建议家长和孩子一起阅读,一次一个小节,并经常停下来讨论那些有帮助的观点和想法。

本书的第三部分是教给孩子的自助技巧。孩子会逐渐掌握自己解决生活和学习烦恼的技能，在这一过程中，这些自助技巧能够给孩子提供指导和帮助，可以反复使用。

在每一章的最后都有一个有趣的活动。这样你的孩子能够以轻松愉快的心情完成每一节的内容。

在注意缺陷/多动障碍的儿童中，情况同样是千差万别。有一些孩子好动和冲动，有一些孩子可能看上去很安静，却十分容易分心。还有一些孩子注意力很难集中，但却不完全符合严格的注意缺陷/多动障碍诊断标准。但是无论具体表现如何，这些孩子都需要帮助和干预，而这本书就是专为他们设计的。

在最新的第三版中，我们还特别加强了以孩子为中心的编写方式。虽然大部分列举的问题都是一些让大人感到头痛的儿童行为问题，但是在本书中我们还特别从孩子的视角强调了这些问题对孩子自身生活的影响。

我们诚挚地希望这一最新版本能够让您的孩子在轻松愉快的氛围中更多地了解自己，并成为终生成长与自助的起点。

致孩子

　　一些孩子上课时很难专心，在晚上写作业时不容易集中注意力。一些孩子非常好动，很少能安静坐下来。还有一些孩子头脑中总是充满了各种各样有趣的念头，以致他们很难把注意力集中到显得枯燥的功课中。他们总是丢三落四或者惹出各种各样的麻烦，因为他们做事前很难想想再做，而总是凭一时冲动。

　　这些问题让他们的生活充满烦恼。坚持上一天学已经很困难了，更别提晚上回家还得完成作业。有时，这些孩子还很难与其他的孩子友好相处，总感觉别人对他怒气冲冲。

如果你遇到了上述任何一种困难，这本书都能帮助你。书里有很多方法可以帮助你解决这些问题。其中一些你自己就能做到。当然你也可以从父母、老师、心理咨询师或其他人那里得到帮助。我们希望你和自己的家长或其他长辈一起阅读这本书，这样一来你就可以和他们讨论你读到的内容。

有注意缺陷/多动障碍的孩子常常会有我们所谈到的烦恼和困惑。大脑有一些部分能够帮助人们在行动前用心思考，安静地坐下来并集中注意力（即使是在感到无聊的时候），也能帮助人们记住东西并把事情安排得井井有条。但是，当你有注意缺陷/多动障碍时，你就有一个"贪睡的大脑"。在你的大脑中，负责上述功能的部分常常昏昏欲睡，无法像你期望的那样有效地工作。

注意缺陷/多动障碍的孩子不喜欢上学,他们感觉上学很没意思。他们喜欢做有趣和刺激的事情,而上学很难让他们感到兴奋或有趣。

你可能不知道,很多注意缺陷/多动障碍的儿童非常聪明而且富有创意。你可能也不知道,很多有名的成功人士也有注意缺陷/多动障碍。

你的父母给你买了这本书是希望你更加欣赏自己,喜欢自己,在学校、家中以及和小朋友在一起的时候都更加顺利和开心。

我们也希望听到你读完这本书后的感想和收获。现在有很多有关专注力的书是写给家长和老师的，但是我们始终认为孩子应该有一本属于自己的书。这本书就是专为孩子编写的！

许多孩子（其实一些大人也一样）不容易集中注意力是因为他们很难安静地坐着，以及认真地倾听。

- 你是不是感觉自己身体里像有个"发动机"一直在运转，即使是在你坐着的时候？
- 当不得不坐着听老师讲课的时候，你是不是总感到烦躁不安？
- 你是不是在课堂上总是爱说话，很难安静下来？
- 你是不是经常忘记举手或者不等老师点名就随便发言？
- 排队等候对你来说困难吗？
- 排队的时候你会不会到处乱跑并撞到别人呢？

如果上面很多情况都出现在你身上，那说明你确实是一个精力旺盛的孩子！精力这么旺盛真的很难在学校里安静下来专心学习。

一些孩子在听课的时候喜欢画画或者涂鸦，因为听讲的时候不干点儿别的事情实在是太困难了。一些孩子坐在座位上努力集中注意力，但是很快他们丰富的想象力就把他们带到了另外的世界,根本注意不到课堂上发生的一切,就像这样……

如果你上课的时候也不容易集中注意力,那么你觉得自己更像那些烦躁不安、总爱说话的孩子,还是那些看上去很安静却常常走神的孩子呢?当然,你可能两种都有点儿像。不妨问问爸爸妈妈的看法。有注意缺陷/多动障碍的孩子常常无法集中注意力,很难保持整洁有序,常常忘记重要的事情而且粗心大意。

没有两个孩子是完全一样的。在本书的开头,你会找到一份清单,叫作"我的小档案"。我们希望你和自己的父母一起阅读每一条内容,并在那些准确地描述了你的选项前面的方框里打钩,就像下面这样:

当你在所有准确描述了你的说法前面打钩以后,我们会告诉你如何帮助自己提高成绩,更愉快地与家人和小伙伴相处。当然,我们也会告诉你,你的父母或你身边的其他长辈可以怎么帮助你。

目 录

第1章　我的小档案 ··· 1

　　我在学校学习专心吗? ··· 3
　　我会与同伴友好相处吗? ·· 6
　　我会正确认识自己吗? ·· 8
　　我在家里会管好自己吗? ·· 10
　　我希望大家能理解我 ··· 11

第2章　我知道别人能怎样帮助我 ································ 15

　　谁能帮助我学习? ·· 17
　　谁能帮我和朋友们更融洽地相处? ······························· 18
　　谁能让我的父母更理解我? ··· 19

第3章　我该怎样帮助自己?························ 21

提高记忆的方法 ····································· 23
早晨如何快速做好上学准备? ······················· 26
整理房间的巧办法 ·································· 28
在学校如何专心学习? ······························· 32
烦躁不安时我该怎么办? ···························· 34
如何更快更好地完成作业? ························· 36
生气的时候该怎么办? ······························· 40
如何寻求别人的帮助? ······························· 43
如何在家里讨论问题? ······························· 44
我自己怎样解决问题? ······························· 46
如何不打断别人说话? ······························· 48
如何交朋友? ··· 50
如果有人伤害我,我该怎么办? ···················· 52
压力大时如何放松? ································· 54
该睡觉却睡不着怎么办? ···························· 56
我该如何改变自己? ································· 59
我怎样才能更自信呢? ······························· 61

第4章　我和爸爸妈妈一起进步 ———— 65
　　一起努力改变 ———— 67
　　我的进步图表 ———— 69

给父母的提示 ———— 73
　　怎样正确奖励孩子? ———— 73
　　如何善用亲子时间? ———— 76
　　为孩子寻找帮助 ———— 77

第1章
我的小档案

　　下面的清单是有注意缺陷/多动障碍的孩子对自己的描述。这个清单也可以帮助你更清楚全面地了解自己——无论是在学校、与朋友相处还是在家里。它会让你明白你的优势和你做得不太好的地方。和你的父母一起看你的答案,这也是帮助你找到问题的好方法。这个测试无所谓对错——只是让你更加了解你自己。

我在学校学习专心吗?

- ☐ 在学校的时候,我很难在座位上安静地坐着。
- ☐ 我总是忘记要先举手,然后才可以发言。
- ☐ 我的书本总是摆得乱七八糟。
- ☐ 我经常忘记写作业。
- ☐ 我很难主动完成课堂作业。
- ☐ 老师总是对我说:"慢点,别着急!"

- ☐ 我的课桌总是很乱。

- ☐ 我常常忘记交作业。

- ☐ 我很难记住老师交代的事情。

- ☐ 即使我努力地听,我有时候仍然会想东想西。

- ☐ 很多时候我都觉得上课很无聊。

- ☐ 如果我能做自己感兴趣的事情,我会更喜欢上学。

- ☐ 我担心如果不能按时完成作业,老师会发火。

- ☐ 老师叫我发言的时候,如果我之前没听讲,我会不好意思。

☐ 有时候，我知道如何正确地做好学校的作业，可是我的作业还总是出错。

☐ 我的字写得歪歪扭扭。

☐ 在做自己喜欢的事情时，我认为自己很聪明。

☐ 我觉得自己很有想象力。

☐ 如果上课的时候能够站起来干些什么，而不总是坐着，我会更喜欢上学。

☐ 当我们讨论自己的想法或者做有趣的事情时，我觉得上学还是挺有意思的。

☐ 老师说我总是打扰别的同学。

☐ 我很难像同学那样迅速完成课堂练习。

☐ 有时候我因为在课堂上说闲话而被老师批评。

我会与同伴友好相处吗?

- ☐ 有时我会对小伙伴发火,我会骂人甚至打架。
- ☐ 我比其他小伙伴更容易在感情上受到伤害。
- ☐ 有时同学会向老师抱怨我给他们添麻烦。
- ☐ 我的朋友有些比我年龄小。
- ☐ 虽然我不知道为什么,但是有些小伙伴就是不愿意跟我玩。

- ☐ 虽然有些同学认为我很有趣,但是老师经常因为我乱开玩笑而生气。

- ☐ 我的父母告诉我,我太喜欢命令别人。

- ☐ 有时小伙伴们会合伙批评和嘲笑我。

- ☐ 我希望能有更多的朋友。

- ☐ 有时我会感到难过和孤独。

- ☐ 有时小伙伴们会取笑我,给我取绰号。

- ☐ 交新朋友很容易,但是很快他们就不想再和我做朋友了。

我会正确认识自己吗？

- [ ] 如果不用上学，我的生活该多么美好。

- [ ] 我担心自己在读写和算术上不如同学那么聪明。

- [ ] 有时候，我认为自己很聪明而学校很差劲。

- [ ] 我希望小伙伴们能更喜欢我。

- [ ] 有时候我也觉得自己有点不对劲儿，但是我不知道到底是怎么回事。

- [ ] 我真希望自己不要那么容易心烦。

- [ ] 我的作业总要花很多时间才写完，这让我很沮丧。
- [ ] 如果考试的时候我能够想起来学过的东西，那该有多好。
- [ ] 无论怎么努力，我总是丢三落四。
- [ ] 我感觉无论我做什么，别人都会生气。
- [ ] 我讨厌别人嘲笑我。
- [ ] 有时我觉得自己和其他孩子不一样，感到自己被排斥。
- [ ] 我希望我的父母和老师能多看到我的优点和进步。

我在家里会管好自己吗？

- ☐ 有时我听不到爸妈叫我，而他们认为我是假装听不见。

- ☐ 我经常和兄弟姐妹争吵。

- ☐ 比起家里的其他人，感觉父母更喜欢找我的碴儿。

- ☐ 开始写作业对我来说很困难。

- ☐ 按时起床和准备好上学物品对我来说非常困难。

- ☐ 我常忘记别人嘱咐我的事情，但是父母认为我是故意的。

- ☐ 我讨厌总因为家庭作业和其他琐事被唠叨。

- ☐ 我好像总没有太多时间做喜欢做的事情。

- ☐ 我的房间总是乱七八糟。

- ☐ 我晚上不容易睡着。

- ☐ 上学让我发愁，有时还会肚子痛，我希望可以待在家里不去上学。

- ☐ 我好像总是有这样或那样的麻烦。

我希望大家能理解我

- [ ] 我真的在意我的作业。
- [ ] 我不是有意丢三落四。
- [ ] 当别人说我不努力的时候,我很生气。
- [ ] 很多时候我也不是很理解自己。
- [ ] 我并不是有意做出一些举动让别的孩子讨厌我。
- [ ] 我希望我的父母为我感到骄傲。

恭喜你！你已经完成了所有清单上的小测试。你是否已经跟你的父母讲过你的答案了呢？他们有没有对你的答案感到惊讶呢？你的父母是否告诉你，他们小时候也有类似的问题呢？你可能感觉在这一部分发现了自己的很多问题，但是……

别担心！

办法马上就来！

接下来，这本书将告诉你如何在学校表现更好，以及更好地与伙伴和家人相处。别人有很多帮助你的方法，当然你也可以学会帮助你自己的方法。

现在，如果你像那些帮助我们写作本书的小朋友一样，开始感到有点儿累了，那么没关系，在"专注"一段时间后，可以适当放松和休息一下。"专注"的意思是你真正努力集中你的注意力。

休息一下，玩个趣味游戏吧！

现在不妨休息一下，看看你能否帮助这两位小朋友找到他们的作业？我想你一定能了解他们现在有多着急！

　　休息以后感觉好些了吗？累了的时候休息一会儿是个应该培养的好习惯。做作业的时候，集中精神15~20分钟以后给自己5分钟的休息时间，你会写得更快更好。你可以让爸爸妈妈设定好计时器，这样你就能知道5分钟的休息时间什么时候结束，也能知道该回去专心做功课了。

第 2 章

我知道别人能怎样帮助我

　　很多孩子在上学的时候都有这样或那样的麻烦，比如常常分心走神，不能完成课堂作业，阅读或者背诵有问题。他们中的一些人还很难与同学友好相处。在家里他们也经常感到沮丧，因为时常和父母争吵或者感到难过和泄气。

　　如果你有上面的任何问题，请别着急。有很多大人可以帮助你。心理老师可以帮你学会如何更融洽地与朋友和家人相处。还有一些老师可以告诉你如何更快地完成作业，学得更好。当然，还有爱你的父母，他们也能帮助你更好地集中注意力。

谁能帮助我学习？

有些人能够真正理解你的问题，比如辅导老师，他可以与你的老师讨论如何让你成为一名更优秀的学生。对一些孩子来说，在更安静的地方写作业，或者进入班级人数更少的学校可以帮到他们。当周围没有那么多让人分心的东西，孩子能更好地集中注意力。

谁能帮我和朋友们更融洽地相处？

有时候你有必要去找找辅导老师，他们可以教会你如何与别人交朋友以及如何与同伴更愉快地相处。你可以告诉辅导老师你在家或在学校里的问题，以及你自己的感受。放心，辅导老师绝对不会大惊小怪，更不会认为这一切都是你的错。

辅导老师能够帮助你更好地理解你自己，让你感觉更自信。如果你去找辅导老师，那么最好也带上这本书。你可以让辅导老师看看在第1章的清单中你都选择了哪些问题，这样辅导老师才能更好地帮助你找到解决问题的好办法。

谁能让我的父母更理解我?

其实你的父母也可以和专门帮助有注意缺陷/多动障碍孩子的心理老师谈谈,这样他们可以学会更多的好方法,帮助你在早晨做好上学的准备,回家后按时完成作业,甚至在你愤怒或沮丧的时候也能有一些好点子安慰你。

你的父母也会明白,原来你的问题并不是因为你懒惰或者故意捣乱,其实你也一直在努力。只不过对你来说,完成他们想让你做的事情实在是太困难了。

这真的是个大麻烦!我真高兴终于有人理解我的痛苦了!

就像你前面读到的，你周围的人可以用很多种办法帮到你。当然你自己也可以做很多事情来帮助自己。在下面的部分，你将看到一些你自己可以在学校或家里使用的方法。当然，你最好和家长或者老师讨论一下这些方法，这样他们才能更好地帮助你。

 休息一下，玩个趣味游戏吧！

请把图中的各点按顺序连接起来，然后你就会发现小狗为什么那么开心了！

第 3 章
我该怎样帮助自己?

前面已经讲到了很多获得帮助的方法，父母、老师都能帮上你的忙，但是最重要的是，你要学会帮助自己。在你养成新习惯的过程中，别人的帮助很重要，因为一个习惯的养成需要时间和不断练习，直到你可以自动地那样做。在这方面，你的父母和老师可以帮你决定应该做什么，以及提醒你别忘了不断练习。

提高记忆的方法

很多难以集中注意力的孩子记性也不好。如果你也是这样,下面是一些对你有帮助的小方法。

- **写纸条**:颜色鲜艳的便签是个不错的主意,因为你可以把它们贴在任何你容易看到的位置。

- **找父母**:如果很难记住别人说的话,可以请爸爸妈妈帮忙写在便签上,然后贴到你看得见的地方。

- **巧摆放**:把东西放在固定的位置,比如把外衣挂在钩子上,把书放在书架上,把鞋放在鞋盒里。如果把东西都放在比较方便取放的地方,你一进门就可以把东西放好。这样每次需要的时候,你就能马上找到它们。

- **定时器**：用厨房里的定时器来提醒自己，比如你20分钟后要去上游泳课，那么把定时器设定好，到时候它就能提醒你了。

- **马上做**：想起来做什么事情就马上去做，这样你就不会忘记了。

- **选位置**：把每天上学用的东西提前放到门口一个特别的位置，这样你忘掉它们的可能性就很小了。

- **停一下**：在临出门之前，学会停一下，想一想是不是所有东西都带齐啦。

- **记日程**：把每天要做的事情按照日期写在日程表上，并在显眼的地方贴上手头要做事情的清单。最好把这些日程表贴在你容易看到的地方。在很多家庭中，厨房是一个不错的位置。

- 每天都检查一下你的日程表，当然你的父母也可以帮忙提醒你。

- 每天早晨醒来的时候，问问自己今天都有哪些活动，比如："让我想想，对了，今天有足球练习，所以要带上我的球鞋。"

早晨如何快速做好上学准备？

要想早晨起来迅速地做好上学的准备，最好的办法就是前一天晚上把东西都准备好。这样即使有东西一时找不到了，你仍然有时间到处去找一找。

- 前一天晚上就把要穿的衣服准备好。

- 前一天晚上把第二天要带的午餐也准备好。

- 把第二天上学需要用的所有东西都放好，比如午餐费、家庭作业和家长的签字单。

- 把每天早晨要做的事情列成清单，并贴到一个你方便看到的地方。在每天做准备的时候反复对照清单检查。

- 全部准备好了再玩耍或者看电视。

- 让父母给你建一个"发射场"，把每天你上学要带的东西全部都放到这个小小的"发射场"里。在"发射场"的旁边贴张纸，列出你需要准备的全部东西，这就是你的"发射清单"。

第 3 章 我该怎样帮助自己？

整理房间的巧办法

如果你像很多孩子一样老被父母唠叨,"给我赶快清理房间!"那么,整理房间应该是一件让你觉得很没有乐趣的事情。可能只有父母反复催促,你才会打扫。但是你知道吗?一个整洁的房间不仅能让你的心情更愉快,而且还能提高你的学业成绩呢。

当你的房间整洁有序时,你就可以马上找到你需要的东西。这会让你节约时间按时到校,也会记得带上要交的作业。当你的房间干净整洁的时候,你会更加专心地阅读或者写作业,这样学习会更有效率。

整理房间的八步法

你需要：

 垃圾桶

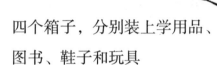

四个箱子，分别装上学用品、图书、鞋子和玩具

 脏衣篮

 两个挂衣钩

 一些架子

 一张桌子

下面是你要做的事情：

1. 把所有的脏衣服放到脏衣篮里，把干净衣服收到衣橱里。

2. 把所有的玩具放到架子上或者玩具箱里。

3. 把所有的书放到架子上或者图书箱里。

4. 把上学要用的东西和书包放到桌子上或者专门收纳上学用品的箱子里。

5. 把所有的鞋放到鞋柜里或鞋箱里。

6. 把所有的垃圾扔到垃圾桶或者垃圾袋里。

7. 把床铺好。

8. 把睡衣和外套挂在挂衣钩上。

如果你按照上面所说的一步一步做下来，你很快就会成为整理房间的高手了！你可以让父母把这八步法多复印几份，这样你每周收拾房间的时候可以用一张，每完成一步可以在对应的步骤前面打钩。

在学校如何专心学习？

如果你想在学校有优秀的表现，那么学会集中注意力就十分重要。你在学校表现越好，你的自我感觉也会越好。下面的方法可以帮助你更专心地学习。

- 尽量往前面坐，老师讲话的时候尽量看着他。

- 积极参与课堂活动，提问或者发表你的看法（当然要先举手），不要只是坐在那里一言不发。

- 保持课桌整洁，这样你才可以一次只专心地做一件事情。

- 让老师把你和那些喜欢说话或经常打扰你的同学分开坐。认真听课的时候不要讲话。

- 经常提醒自己集中注意力，在手腕上套一根橡皮筋，走神的时候弹一下，提醒自己要专心。但是不要拿它当弹弓玩！

- 如果课堂上很吵闹，问问老师能不能让你换到安静的地方坐。

- 不要把容易让你分心的玩具或游戏机带到学校。

- 如果没听懂，及时向老师提问。

烦躁不安时我该怎么办？

当你感到烦躁不安的时候，你很难集中注意力完成作业。下面的小方法可以帮到你。

- 问问老师你是否可以先做点别的事情，等心情平静了再回来完成作业。

- 问问老师你是否可以在桌子里放一个软软的橡胶球，你在不想做作业的时候可以捏一捏它。（但是不要乱扔！）

- 提前问问你的父母，你是不是吃完饭就可以自由活动。

- 每天进行户外活动，可以和爸爸妈妈去散步，学学武术或进行其他的体育锻炼。

- 站起来向后伸展身体，然后弯下腰用手触脚尖。做完后再坐回到座位上，如果在教室里，记住做这些放松动作的时候要保持安静。

- 如果你在家做作业，可以先给自己 5 分钟休息时间，或者一边在屋里走动一边背诵。

- 如果完成了作业，可以奖励自己画一会儿画。

如何更快更好地完成作业？

有些孩子需要花费很多的时间才能完成作业。这里有一些办法可以帮你又快又好地完成作业。

 养成写作业的好习惯

回想一下你什么时候完成作业非常顺利？一般情况下，那都是在你不太累的时候。

想想你在家里的哪个地方写作业效率最高？也许是在爸爸妈妈旁边，这样你可以及时提问，也许是在远离电视的餐厅，关于这一点也可以问问父母的看法。如果你在这些方面从未仔细留意，那么以后你可以尝试在不同的时间（放学后或晚饭后）和不同的地点（你的卧室、厨房餐桌或餐厅）写作业，看看你在什么时间、地点做作业最专心。

你是一个人还是和父母在一起的时候写作业最有效率？有些孩子需要专门的"作业时间"，在这个时间家里的兄弟姐妹都在写作业。你也可以回忆一下放学休息一会儿后晚餐前写作业是不是效率更高。

当你决定了写作业的最佳时间和地点,就可以着手开始养成你的作业习惯了。习惯指的是那些每次都重复做的事情。如果你坚持一两周在固定的时间和地点完成作业后,你就会发现写作业比以前容易多了,因为你已经成功地训练了自己的大脑,让它安静下来专注地工作。

 按时完成作业的小窍门

这里有很多小窍门可以帮你顺利完成作业,按时交给老师!

- 专门找一个本子记录老师给你布置的作业和任务。

- 如果你不确定是不是把老师布置的作业都记下来了,可以请老师在放学前帮你检查一下。

- 找一个安静的地方写作业,远离电视、手机等电子屏幕的诱惑和干扰。

- 在你不累的时候赶紧写作业。有些孩子习惯放学先玩,晚饭后再写作业,而有些孩子晚饭后再写作业就会感到很疲劳。回想一下你写作业的最佳时间是在什么时候?

- 你如果坐着写作业有点累了,可以站起来学习几分钟。

- 有些孩子一边走一边大声地读会学得更好,比如背诵乘法口诀的时候。

- 完成作业以后也别忘了奖励自己。一份零食或者你最喜欢的活动都是值得期待的奖励。

- 不要同时做好几件事情，每次只做一件。比如，写15分钟作业就稍稍休息一下，然后再接着写。

- 找一个颜色鲜艳的文件夹放在书包里。一写完作业就把作业放进这个文件夹里。这样比较好找，便于第二天交作业。

生气的时候该怎么办?

对很多孩子来说,沮丧和愤怒都是不好解决的问题。每个人都会生气,这是很自然的事情。但是如果总是发火或者不知道如何处理愤怒情绪,那么愤怒可能会给你带来很多问题。你可能会失去朋友,在学校惹上麻烦,或者和家里人无法好好相处。你比其他孩子更容易生气吗?

下面是一些让你不那么容易难过或生气的办法:

- 暂时离开让你生气的人,这样你就有时间在做事之前先想一想,否则你很容易做出伤害别人或给自己惹麻烦的事情。

- 如果有人故意惹你生气,你要学着聪明一点,不要上

他们的当。你可以把问题告诉老师或者家长。

- 远离那些喜欢跟你找碴儿作对的人。

- 如果有些事情你做起来很吃力，比如家庭作业，你要立即寻求帮助，不要等到你感觉厌烦的时候。

- 如果你因为被禁止做某事而感到恼怒，那么可以问问大人，有没有办法把它作为一个通过你的努力可以赢得的奖赏。

- 如果你愤怒到必须大喊大叫，可以找你熟悉并信任的人说说。平静地讨论问题可以帮你更好地思考，还可能会找到解决办法。

- 做一些能发泄愤怒的事情，比如在院子里踢球或者在家附近跑几分钟。

- 找一个安静的地方，做一些冷静练习。

冷静练习

当你感到特别愤怒甚至感觉要爆炸的时候，试试这个练习，它一共有三部分。

1. 想想那些你喜欢的事情，比如听音乐，去海滩，或者骑自行车。在头脑中想象这些画面，越具体越清晰越好。
2. 深吸一口气，然后慢慢地呼出来。
3. 心里默念："冷静，冷静。"

好，现在让我们来试试吧。首先，想想那些美好的事物。现在深吸一口气，慢－慢－呼－出－来，心里默念"冷静"。现在再多做两次。

对，你做得真棒！

记住当你特别愤怒的时候，你至少需要连续做三次冷静练习。如果你还是很愤怒，那么就去找老师或者父母，让他们帮帮你。

最好在你刚想生气的时候就练习这个方法。其实，你的父母也可以和你一起练习。这可能对他们也有帮助。

如何寻求别人的帮助？

当你不知道该怎么办的时候，你会怎么做？有些孩子不知道该怎么办的时候会感到不好意思，所以他们不会寻求帮助，而是一个人坐在那里不想让任何人知道。但是这只会让问题变得更严重。无论忘记了什么事情还是没听明白别人的话都没有什么大不了的。遇到这样的情况要去找老师和父母，对他们说：

"我忘记了你让我做的事。"

"你可以帮我做这个吗？"

"你可以再解释一遍吗？"

"你能跟我讲清楚你的意思吗？"

告诉他们你已经尽力了。你也要让老师明白，弄清楚自己需要做的事情是你帮助自己的方法之一。

如何在家里讨论问题？

你是不是觉得爸爸妈妈老是没完没了地唠叨你的问题？家里的问题是不是最后都会变成争吵？经常与你的父母讨论问题可以减少上述情况的发生。当然，你如果经常和兄弟姐妹争吵，也可以和父母多多讨论这个问题。

不要在你感觉最糟糕的时候与父母讨论问题，等你冷静下来再说。最好经常能有一个固定的时间讨论家里的问题或分歧，尽量每周一次。谈话应该选在家里每个人都有时间坐在一起的时候。如果有很严重的争执，那么也可以不用等到每周固定的讨论时间，在当天就可以坐下来讨论，不过一定要等到你冷静下来再开始！

讨论问题的时候你要解释自己的感受，也要认真听别人的讲话，努力理解别人的感受，然后试着一起找出解决方案。

下面是家庭讨论问题的一些规则：

- 每个人都有机会说出自己对问题的看法。

- 不要打断别人发言。

- 不要一个人说太长时间。用简单的几句话说出自己的想法，然后给别人机会发言。

- 不要指责或者骂人。你们是在寻找解决方案而不是制造新的麻烦。

- 尽量想出一些新办法。

- 听听你父母的想法。

- 试试新的解决办法，然后再讨论它们的效果到底如何。这个时候你们可以尝试新方法，甚至用新的方法代替无效的方法。

如果你和你的家人有专门的时间讨论问题，那么家人相处得会更加和谐和融洽。

我自己怎样解决问题？

遇到问题的时候你通常会怎么做？对于特别大的问题，你可能需要家长或者老师帮忙。有时候通过下面的几个步骤，你可以自己找到解决方法。

1. 问题是什么？（例如，我忘了交作业。）

2. 对这个问题我能做些什么？（我可以让我的朋友提醒我。我可以准备一个颜色鲜艳的文件夹把作业放进去。我可以在桌子上贴个提示字条。）

3. 哪个方法最好？（在我的桌子上贴个提示字条。）

4. 试试你的方法，看看有没有效。（我看到了桌子上的字条，所以没有忘记交作业！）

5. 如果一个方法不行，那就试试另一个。（哦！我忘了写字条。也许我可以让爸爸给我买一个专门放作业的文件夹。这样我一看见文件夹就会想起交作业了。）

想一个你现在或者过去几天里遇到的问题。试试上面的五步法，看看你是否能找到解决这些问题的新方法。你的父母也可以帮助你练习这些解决问题的方法。

你可以把家里的问题以及对这些问题的解决方法都记录下来。你的父母可以帮助你记录。以后家里人再讨论问题的时候,你就可以拿出这个记录本。这样过去哪些方法有用,哪些方法没用就一目了然了。家里每个人也都更容易记住你们讨论出的新方法。

如何不打断别人说话？

有些孩子经常打断别人说话。虽然每个人都曾打断过别人，但是如果你总是这样，说话的人就会非常生气，甚至不愿意和你做朋友。下面的几招可以帮到你。

- 如果你要发言，先征求别人的允许。"我能说一下吗？"或者"请原谅，我能问个问题吗？"

- 仔细思考别人说的话。你可以假设5分钟以后有一个小测验，你要回答出刚才这个人说过的每一句话，这样你会听得更专心。

- 如果你打断了别人，马上道歉。

- 等别人说完一句话你再发言。

你可以在家里练习如何不随便打断别人说话。你甚至可以把这个练习变成一个游戏，比如，试试你在晚饭时能坚持多久不打断别人说话。

第3章 我该怎样帮助自己?

如何交朋友?

每个人都希望有朋友,但不是所有的孩子都擅长交朋友和维护友谊。如果你希望有更多的朋友,或者你经常跟朋友发生争吵,那么下面的方法能够帮助你。

- 表情友好,保持微笑,然后打招呼:"你好!"
- 玩游戏的时候,学会和朋友们分享玩具。

- 轮流参与游戏，让每个人都有机会玩儿或者当头儿。

- 不要总是发号施令，让其他孩子也有做决定的机会。

- 保持安静，不要太吵闹。

- 多赞扬你的朋友，比如："好球！"或者"干得漂亮！"

- 不要拉扯或者碰撞你的朋友。

- 不要取笑别人，你肯定知道那感觉不好受。

- 愤怒的时候不要打架、大喊或者骂人。这个时候要记住先走开一下，直到冷静下来，这样你才不会做出那些让你后悔的事情。

- 如果你和朋友间发生了大麻烦，别忘了找大人来帮助解决。如果只是小问题，你要学着和朋友一起解决。

- 如果做错事或说错话，别忘了说对不起。

如果有人伤害我，我该怎么办？

有些孩子很敏感，容易受到伤害。这可能是个大问题，因为有很多孩子知道你的弱点后会经常找你的麻烦。虽然别人找你麻烦是件不愉快的事情，但是你仍然可以为自己做一些事情。

- 置之不理，如果你没有反应，那些喜欢恶作剧的孩子也就失去了兴趣。

- 据理力争，你不用大发脾气，但要坚定地告诉他们：

"别再闹了!"

- 如果总有些孩子和你过不去,你就离他们远点儿。如果他们还是来找你麻烦,那么赶快告诉大人,他们能帮你解决这些麻烦。

- 找人说说,跟你的朋友或者心理老师聊一聊。当我们受到伤害的时候,跟别人谈谈会有很大的帮助。

- 和那些友好善良的孩子在一起。你不用非要和那些总是找你麻烦或批评你的人做朋友。

压力大时如何放松？

在疲劳、饥饿或者学校生活不顺利的时候，一些孩子常常会感到很大的压力。这时候打架或者吵架就成了家常便饭。当你感到压力很大的时候，不妨试试下面的放松方法。当然这些方法对大人也同样适用呢！

- 回到自己的房间躺下，或者做一些能让你安静下来的事情。

- 如果你饿了，吃点儿点心。

- 如果你与兄弟姐妹刚吵架了，那么离他们远一点儿。

- 洗个热水澡。

- 听一些安静的音乐。

- 和爸爸妈妈出去散散步。

- 和家里的宠物玩一会儿。

- 如果压力太大了，可以让你的爸爸妈妈给你按摩一下后背。

- 做一件你最喜欢的事情。

- 做些有创意性的活动，比如画画或者组装玩具，这可以转移你的注意力。

- 户外运动——比如骑自行车或者出去走走，打会儿篮球。

该睡觉却睡不着怎么办？

有些孩子晚上很难放松，所以他们经常失眠。这是个大问题，因为如果晚上你睡不好，那么第二天就会很疲劳，也就很难集中注意力，记忆力也会下降，这样写作业也变得更困难了。如果你睡眠不好，那么在和别人相处时也容易出问题，因为困倦会让你更容易难过或者闹脾气。

下面的方法可以帮你更快入睡。

- 晚上要规律地作息，按照定好的日程表安排晚上的活动。你可以参考下面的例子来制订你的日程表。

晚上6:30　在远离电视机的房间完成作业。

晚上7:30　吃点儿零食然后看半个小时的电视。

晚上8:00　准备好明天上学要用的东西——午餐、作业和衣服。

晚上8:15　洗澡、刷牙然后准备睡觉。

晚上8:30　躺在床上看会儿书，或者听爸爸妈妈讲故事。

晚上9:00　和爸爸妈妈说晚安，然后关灯睡觉。

- 周一到周五的晚上要避免参加激烈的、让你兴奋的活动。

- 关灯以后听一点儿轻音乐。

- 不要看电视或者听摇滚乐,它们只会让你更难入睡。

- 可以试试阅读你的功课,你 5 分钟之内就会睡着。

- 白天尽量不要打盹或者睡懒觉,这会让你晚上更难按时入睡。

- 下午和晚上不要喝茶或者咖啡等含咖啡因的饮料。如果你不知道饮料里有没有咖啡因，可以问问父母。

- 如果你躺在床上不能马上睡着，也别着急。闭上眼，放松身体，可以做一些"白日梦"，就像在脑子里看电影。想象你自己正在最喜欢的地方（比如阳光灿烂的海滩），做你最喜欢做的事情（比如建造一个沙堡或者在海边散步）。

我该如何改变自己?

孩子,到这里你已经看到了很多需要尝试和学习的事情。我们已经讨论了很多让你的生活变得更幸福和更顺利的方法。不过你并不需要一下子做这么多改变。你和你的父母可以先从一件事情开始。不要忘记经常练习。当改变成了习惯,你就可以尝试下一个新方法了。

在下一页先列出你最想改变的事情。

第3章 我该怎样帮助自己?

我最想改变的事情！

_____

_____

_____

_____

_____

_____

_____

_____

在本书的第4章，我们还将谈到你如何和父母合作来完成这些改变。和父母一起努力会很有乐趣。当你成功的时候，你就会对自己更有信心啦！

我怎样才能更自信呢？

有些孩子不自信，因为他们经常被老师和家长批评，或者很难和别人友好相处。如果一直这样下去，这些孩子就会感到非常泄气，觉得自己一无是处。如果你也碰到了类似的情况，下面的方法能帮助你变得更自信。

- 把你喜欢自己的地方都写下来。问问爸爸妈妈还有什么要补充的？你可以在第63页上写下来。

- 多跟那些喜欢你、鼓励你的人在一起。

- 多做你擅长做的事情。

- 如果你的父母总是批评你,那么就需要在全家讨论问题的时候专门拿出来讨论。

- 每天和父母度过一段"特别时间",在这段时间里只是和父母享受快乐的时光,不要谈任何问题。

- 跟心理老师谈谈你的感受。

- 当感到泄气的时候,你可以用下面的话来鼓励自己:

"没有人能做好所有的事情。我可能做不好 _____,但是我很擅长做 _____。"

"我现在可能有些难过,但是我可以做很多事情让自己开心起来——比如和那些真正理解和喜欢我的人聊天。"

"这确实是一个问题,但是我是个解决问题的行家。"

"每个人都会犯错,但更重要的是犯错之后做了些什么。"

我为自己骄傲

在这里写下你喜欢自己的地方

_____

_____

_____

_____

_____

_____

_____

> 我们都快写不下啦！

_____

_____

休息一下，玩个趣味游戏吧！

记住，不能一直学习。我们已经讨论了很多你能做的事情，但是现在我们该休息一下啦。

看看你能不能在下面的图中找到所有的×，圈出所有×上面的字母，把它们放在一起，你就会发现其中的秘密了。

第 4 章

我和爸爸妈妈一起进步

当你想改变一个行为或习惯的时候,父母的帮助是特别重要的。因为改变一个行为可不容易,特别是在刚开始的时候,所以爸爸妈妈如果能帮上你的忙就再好不过了。他们可以鼓励你,时刻提醒你正在培养的新习惯。有时,他们也能帮你想出养成新习惯的好办法。

一起努力改变

如果你想早上更好地为上学做准备,爸爸妈妈可以帮你制订一个更好的日程表,并帮你列出一个要做事情的清单。当然,他们也可以每天在你睡前问问有没有要签字的东西或者学校里是否有什么事情需要他们知道。

不管你选择培养什么新习惯,你的父母都可以帮你想出办法提醒你。有时候和爸爸妈妈一起培养新习惯会更有趣。这样你们就可以互相提醒和鼓励啦!

我如何才能更出色？

- 看看60页上"我最想改变的事情！"清单。你可以从里面挑一件事情来做，当然你也可以从其他的事情开始。

- 虽然你可能想同时开始做好几件事情，但最好从一件事情开始，一件一件慢慢来。这很重要，因为一下子做太多事情，你可能会轻易放弃。

- 不要从最困难的事情开始，先选择比较容易养成的习惯，然后多多练习才能尽快养成新习惯。

- 成功的时候别忘了奖励自己。

- 和爸爸妈妈一起决定用什么来奖励自己。每次获得小成功的时候可以得到一个小奖励，新习惯坚持一段时间后，比如几天，你就可以在周末获得一个大的奖励。

- 不要追求完美，只要每次比上次做得更好就行。记住，偶尔的小挫折是正常的，即使没有得到奖励也不要泄气，新习惯需要时间和耐心才能养成。

- 在头脑中想象一幅画面：当你养成了新习惯，你的生活会发生哪些好的变化。

- 每天都告诉自己："我能做到！"

我的进步图表

培养新习惯的时候，每天都记录下来自己的进展，看看每天做得怎样，是有进步、很棒，还是不理想。如果你觉得进展不理想，可以在进步图表上专门留出一块儿地方来解决问题。在70页有一个现成的图表可以使用，当然你也可以设计自己的图表。

每天都和父母谈谈你的进展，和他们谈论你的成就会让你更自信。父母为你感到骄傲也会让你信心大增！

妈妈，今天太棒了！莎拉选我加入她们的队了！

第4章 我和爸爸妈妈一起进步

第＿＿周

我正在做 _____
_____

我做得如何？

	不好	较好	很棒！
第一天	☐	☐	☐
第二天	☐	☐	☐
第三天	☐	☐	☐
第四天	☐	☐	☐
第五天	☐	☐	☐
第六天	☐	☐	☐
第七天	☐	☐	☐

需要解决的问题

当我努力做 _____，

我总是做不好……

问题是什么？_____

怎么解决问题？

1. _____

2. _____

3. _____

不要总想着超额完成任务。没有人是完美的，也没有人能在一夜间就变得非常优秀。你的父母愿意听你说，也会鼓励你，他们还能帮助你解决问题和练习你正在努力培养的新习惯。如果你遇到了困难，可以和父母谈谈，并一起找出原因和解决办法，比如，你选择的任务太困难了，你的父母需要找到更好的办法提醒你每天练习。

祝你好运！
你能做到！

休息一下，玩个趣味游戏吧！

我们在这本书里谈了很多有关专注力的技能。我们希望你很愉快地读完这本书，并且学到了很多东西。

现在是对你辛苦努力的一点点奖励。千万别忘了，每次表现好的时候一定要奖励自己啊！

给父母的提示

您对孩子的行为管理了解得越多,这本书对您和您的孩子就越有价值。这里我们列出了一些奖励孩子以及营造积极亲子关系的方法。

怎样正确奖励孩子?

改变习惯不是一件容易的事情。孩子需要动力(不是贿赂)才能坚持,其实大人也是一样。这些奖励并不需要太昂贵,也不需要给孩子你认为不妥的东西。奖励最好是你们都喜欢的。对孩子来说最好的奖励不是物品,而是一些特别的活动。下面列出了一些其他家长用过的奖励办法。

- 和孩子下盘棋。

- 一起做些小点心。

- 允许他请一个朋友放学后来家里玩。

- 允许他在周末邀请一个朋友在家留宿。

- 去孩子最喜欢的餐厅吃饭。

- 定一个比萨饼。

- 和孩子玩一会儿电子游戏。

- 和孩子打20分钟球。

- 免除一次家务劳动。

- 晚睡15分钟或30分钟。

- 买一本科学实验书，让孩子选择一个实验，与大人一起完成。

- 租一部影碟，做些爆米花。

- 和孩子一起做点儿特别的零食。

- 做完作业后，上半个小时网。

- 让孩子从一个礼物袋中抓一个小礼物，比如口香糖、趣味卡片，或者小玩具。

- 给孩子做一次背部按摩。

- 睡前多讲一个故事。

在您和孩子一起决定开始一项计划前，应该先建立规则，并确保孩子清楚地理解这些规则。否则，如果您心里想的和孩子的期望不同，他们会很容易产生挫折感。

- 要具体说明究竟什么样的进步才能赢得奖励——比如进步图表上多少个对钩可以兑换一次奖励。

- 也要说明如何才能获得这些对钩。

- 提前把所有的规则都写在进步图表上。

- 要注重趣味性,强调进步而不是失败。

要大方地表达对孩子的情感,给孩子更多鼓励。即使孩子在接受父母的鼓励时,似乎没有特别在意,但是长久下来,父母的关爱和鼓励,对于孩子的人格与自信心,都会产生积极而深远的影响。以下是一些表达关爱与鼓励的方式,可供家长参考。

- 微笑。

- 拥抱。

- 轻拍后背。

- "我喜欢!"

- "干得好!"

- "谢谢!"

- "很棒,继续加油!"

- "你表现得太好了!"

如何善用亲子时间？

您和孩子相处的时间非常重要。如果只讨论问题，每个人都会觉得很沮丧。留出一些专门的亲子时间和孩子一起娱乐，其实有的时候只需要几分钟，比如，你们可以一起做些都喜欢的事情。

最好和孩子共同决定你们一起做什么，无论是游戏、读书、散步还是聊天都可以。关键是你们都觉得有趣——这样才能彻底地放松。不要把这段时间用来改变习惯或者学习新知识，也不要把亲子时间作为可有可无的奖励。如果您的孩子有行为问题，并经常因此被惩罚或批评的话，这样的亲子时间对建立积极的亲子关系特别重要。

为孩子寻找帮助

如果孩子有注意缺陷/多动障碍，你可以向专业人士寻求帮助。无论是心理医生还是儿科医生都可以通过他们的专业知识帮助孩子做得更好。住在大城市的家庭可能比偏远地区的家庭有更多的选择，但是全国各地专业人士对相关问题的认识和了解都在不断地深入。

你也可以多和那些与你面临同样问题的家长聊聊，也可以在互联网上查找相关资料。可能通过多方咨询您才能为自己的孩子找到适合的专业帮助，不过这个过程绝对是有价值的。

您还可以去图书馆查阅帮助孩子的相关图书，参加有注意缺陷/多动障碍孩子的家长们组成的本地团体，或者干脆和其他家长成立一个专门帮助孩子的小组。